**Babitha Kodavanla
Dash Pramodh Kumar
Manivannan Ponnambalam**

Operações de carga aérea

Babitha Kodavanla
Dash Pramodh Kumar
Manivannan Ponnambalam

Operações de carga aérea

ScienciaScripts

Imprint

Any brand names and product names mentioned in this book are subject to trademark, brand or patent protection and are trademarks or registered trademarks of their respective holders. The use of brand names, product names, common names, trade names, product descriptions etc. even without a particular marking in this work is in no way to be construed to mean that such names may be regarded as unrestricted in respect of trademark and brand protection legislation and could thus be used by anyone.

Cover image: www.ingimage.com

This book is a translation from the original published under ISBN 978-620-2-07512-1.

Publisher:
Sciencia Scripts
is a trademark of
Dodo Books Indian Ocean Ltd. and OmniScriptum S.R.L publishing group

120 High Road, East Finchley, London, N2 9ED, United Kingdom
Str. Armeneasca 28/1, office 1, Chisinau MD-2012, Republic of Moldova, Europe
Printed at: see last page
ISBN: 978-620-7-90582-9

ÍNDICE

RECONHECIMENTO

Agradeço sinceramente aos meus pais, professores e alunos pelo apoio ao meu trabalho.

Agradecimentos sinceros ao respeitado Diretor, Sr. C. Naren Dayal, por ter proporcionado a oportunidade de obter explicações pormenorizadas sobre o departamento de carga aérea, o processo da cadeia de frio e o transporte de carga aérea.

Estamos muito gratos a todos aqueles que nos têm dado inspiração e conselhos gentis, sem os quais não teria sido possível concluir este projeto.

AIR FREIGHT
Import and Export

CAPÍTULO 1. INTRODUÇÃO

1.1 OPERAÇÕES DE CARGA AÉREA

1.1.1Na arena nacional e internacional

A procura de transporte de carga aérea aumentou significativamente nos últimos anos[1]. A carga aérea representa cerca de 10% das receitas do sector da aviação. A logística da carga aérea desempenha um papel vital no desenvolvimento económico de uma nação. As companhias aéreas, os operadores de terminais de carga aérea, os prestadores de serviços de assistência em escala, os prestadores de serviços expressos integrados, os transitários, os prestadores de serviços de transporte de carga nacional e os agentes aduaneiros são os principais intervenientes em toda a cadeia de abastecimento da carga aérea.

A nível mundial, mais de um terço do valor das mercadorias comercializadas internacionalmente é transportado por via aérea, pelo que a indústria da carga aérea é considerada um barómetro da saúde económica mundial. A representação do projeto da cadeia operacional da carga aérea dá uma visão clara do sistema. Inclui as importações e exportações, tanto a nível nacional como internacional. Mostra toda a operação desde o início. Apresenta os fluxogramas dos processos individuais, a explicação pormenorizada de cada etapa do sistema integrado de carga.

1.2PESSOAS ENVOLVIDAS NA CADEIA

1.2.1:

O expedidor, num contrato de transporte, é a pessoa que envia uma remessa para ser entregue, seja por terra, mar ou ar. Alguns transportadores, como as entidades postais nacionais, utilizam o termo "remetente" ou "expedidor", mas em caso de litígio será geralmente utilizado o termo correto e técnico "expedidor".

Se o Remetente enviar um widget ao Destinatário através de um serviço de entrega, o Remetente é o expedidor e o Destinatário é o destinatário.

Um transitário, transitário ou agente transitário, também conhecido como transportador comum que não opera navios (NVOCC), é uma pessoa ou empresa que organiza expedições para indivíduos ou empresas para levar mercadorias do fabricante ou produtor para um mercado, cliente ou ponto final de distribuição[1]. Um transitário não movimenta as mercadorias, mas actua como um especialista na gestão da cadeia de abastecimento. Um transitário celebra contratos com transportadores para transportar cargas que vão desde produtos agrícolas em bruto a produtos manufacturados. A carga pode ser reservada numa variedade de fornecedores de transporte, incluindo navios, aviões, camiões e caminhos-de-ferro. Não é invulgar que um único carregamento seja transportado por vários tipos de transportadores. Os transitários internacionais tratam normalmente dos envios internacionais. Os transitários internacionais possuem competências adicionais na preparação e processamento de documentação aduaneira e outra documentação e na execução de actividades relacionadas com envios internacionais.

A informação normalmente analisada por um transitário inclui a fatura comercial, a declaração de exportação do expedidor, o conhecimento de embarque e outros documentos exigidos pelo transportador ou pelo país de exportação, importação e/ou transbordo. Grande parte desta informação é atualmente processada num ambiente sem papel. A descrição abreviada da FIATA do transitário como o "arquiteto do transporte" ilustra a posição comercial do transitário em relação ao seu cliente. Na Europa, alguns transitários especializam-se em áreas de "nicho", como o transporte ferroviário e as recolhas e entregas em torno de um grande porto. A Lloyd's Loading List é o jornal de registo do sector dos transitários, publicado pela primeira vez há 160 anos como diretório de exportações do Reino Unido. Atualmente, fornece informações pormenorizadas sobre transitários, NVOCCs e companhias marítimas/agentes que servem mais de 10 000 portos em todo o mundo. Alguns transitários tratam apenas de envios nacionais

Muitas companhias aéreas subcontratam a assistência em escala a aeroportos, agentes de assistência ou mesmo a outra companhia aérea. De acordo com a Associação Internacional de Transportes Aéreos (IATA), estimativas conservadoras indicam que as companhias aéreas subcontratam mais de 50% da assistência em escala que tem lugar nos aeroportos mundiais[1]. A rapidez, a eficiência e a exatidão são importantes nos serviços de assistência em escala, a fim de minimizar o tempo de rotação (o tempo durante o qual o avião tem de permanecer estacionado na porta de embarque).

As companhias aéreas com um serviço menos frequente ou com menos recursos num determinado local subcontratam por vezes a assistência em escala ou a manutenção de aeronaves em permanência a outra companhia aérea, por ser uma alternativa mais barata a curto prazo do que criar as suas próprias capacidades de assistência em escala ou de manutenção.

As companhias aéreas podem participar num Acordo de Assistência Mútua para Serviços em Terra (MAGSA), normalizado no sector. O MAGSA é publicado pela Associação do Transporte Aéreo (Air Transport Association) e é utilizado pelas companhias aéreas para avaliar os preços de manutenção e apoio às aeronaves, de acordo com as chamadas tarifas MAGSA, que são actualizadas anualmente com base nas alterações do índice de preços no produtor dos EUA. As companhias aéreas podem optar por contratar serviços de assistência em escala nos termos de um Standard Ground Handling Agreement (SGHA) publicado no Airport Handling Manual da International Air Transport Association (IATA). A maioria dos serviços de assistência em escala não está diretamente relacionada com o voo da aeronave, envolvendo outras tarefas. As principais categorias de serviços de assistência em escala são descritas a seguir.

1.2.4SERVIÇO DE CABINA:

Estes serviços garantem o conforto dos passageiros. A limpeza da cabina é a principal tarefa do serviço de cabina. Inclui tarefas como a limpeza da cabina de passageiros e o reabastecimento de consumíveis a bordo ou de artigos laváveis, como sabão, almofadas, lenços de papel e cobertores.

1.2.5CABEÇA:

O serviço de catering inclui a descarga de alimentos e bebidas não utilizados do avião e o carregamento de alimentos e bebidas frescos para os passageiros e a tripulação. As refeições da companhia aérea são normalmente entregues em carrinhos de serviço da companhia aérea. Os carrinhos vazios ou cheios de lixo do voo anterior são substituídos por carrinhos novos. As refeições são preparadas principalmente em terra, a fim de minimizar a quantidade de preparação (para além da refrigeração ou do reaquecimento) necessária no ar.

Embora algumas companhias aéreas forneçam o seu próprio serviço de catering, outras possuíram empresas de catering no passado e alienaram-nas ou subcontrataram empresas terceiras. As fontes de catering das companhias aéreas incluem as seguintes empresas:

1.2.6 SERVIÇO DE RAMPA:

Isto inclui serviços na rampa ou na placa de estacionamento, tais como:

Guiar a aeronave para dentro e para fora da posição de estacionamento (por meio de uma colocação em posição de estacionamento),

Reboque com tractores de empurrar

Drenagem do lavatório

Transporte de água (para encher os depósitos de água doce)

Ar condicionado (mais comum em aviões mais pequenos)

Unidades de arranque pneumático (para arranque de motores)

Manuseamento de bagagens, geralmente por meio de carregadores de cintos e carrinhos de bagagem

Bagagem registada na porta de embarque, muitas vezes manuseada na pista quando os passageiros desembarcam

Manuseamento de carga aérea, geralmente por meio de carrinhos de carga e carregadores de carga

Camiões de catering

Reabastecimento, que pode ser efectuado por um camião-cisterna ou por um camião-cisterna de reabastecimento?

Energia no solo (para que os motores não precisem de estar a funcionar para fornecer energia à aeronave no solo)

Escadas para passageiros (utilizadas em vez de uma ponte aérea ou escadas aéreas, algumas companhias aéreas económicas utilizam ambas para melhorar a velocidade de rotação)

Elevadores para cadeiras de rodas, se necessário

Mulas hidráulicas (unidades que fornecem energia hidráulica a uma aeronave externamente)

Degelo

Isto inclui serviços dentro do terminal do aeroporto, tais como:

1) Prestação de serviços de balcão de check-in para os passageiros que partem das companhias aéreas clientes.

2) Prestação de serviços de chegada e partida. Os agentes são obrigados a receber um voo à chegada, bem como a prestar serviços de partida, incluindo o embarque de passageiros e o encerramento do voo.

3) Pessoal dos balcões de transferência, dos balcões de atendimento ao cliente e das salas de espera das companhias aéreas.

Este serviço despacha a aeronave, mantém a comunicação com o resto da operação da companhia aérea no aeroporto e com o controlo do tráfego aéreo.

A alfândega é uma autoridade ou agência de um país responsável pela cobrança de direitos aduaneiros e pelo controlo do fluxo de mercadorias, incluindo animais, transportes, bens pessoais e artigos perigosos, que entram e saem de um país. O movimento de pessoas que entram e saem de um país é normalmente controlado pelas autoridades de imigração, sob uma variedade de nomes e disposições. As autoridades de imigração controlam normalmente a documentação adequada, verificam se uma pessoa tem direito a entrar no país, detêm pessoas procuradas por mandados de captura nacionais ou internacionais e impedem a entrada de pessoas consideradas perigosas para o país. Cada país tem as suas próprias leis e regulamentos para a importação e exportação de mercadorias para dentro e para fora do país, que a sua autoridade aduaneira faz cumprir. A importação ou exportação de algumas mercadorias pode ser restringida ou proibida. Na maioria dos países, as alfândegas são obtidas através de acordos governamentais e leis internacionais. Um direito aduaneiro é uma tarifa ou imposto sobre a importação (normalmente) ou exportação (invulgarmente) de mercadorias. As mercadorias comerciais ainda não desalfandegadas são mantidas numa área aduaneira, frequentemente designada por entreposto aduaneiro, até serem processadas. Todos os portos autorizados são zonas aduaneiras reconhecidas.

Uma companhia aérea é uma empresa que presta serviços de transporte aéreo de passageiros e de mercadorias. As companhias aéreas alugam ou são proprietárias dos seus aviões para fornecer estes serviços e podem formar parcerias ou alianças com outras companhias aéreas para benefício mútuo.

Geralmente, as companhias aéreas são reconhecidas com um certificado ou licença de exploração aérea emitido por um organismo governamental de aviação.

As companhias aéreas variam desde as que têm um único avião que transporta correio ou carga, até às companhias aéreas internacionais de serviço completo que operam centenas de aviões. Os serviços das companhias aéreas podem ser classificados como intercontinentais, intracontinentais, domésticos, regionais ou internacionais, e podem ser operados como serviços regulares ou charters.

1.3 SIGNIFICADO GERAL

1.3.1 CARGA

Carga (ou frete) são mercadorias ou produtos transportados, geralmente para fins comerciais, por navio ou avião, embora o termo seja agora alargado ao comboio intermodal, carrinha ou camião. Nos tempos modernos, os contentores são utilizados na maioria dos transportes de carga de longo curso. No caso das mercadorias da cadeia de frio, especialmente as que têm um prazo de validade limitado, uma vez que estão sempre em trânsito, essas mercadorias são também coloquialmente referidas como carga, mesmo quando estão armazenadas em armazéns frigoríficos, centros de armazenamento de carga perecível ou outras estruturas de armazenamento com temperatura controlada.

1.3.2 CONSIGNEE

Num contrato de transporte, o destinatário é a pessoa a quem a remessa deve ser entregue, seja por via terrestre, marítima ou aérea.

Se um remetente envia um objeto a um destinatário através de um serviço de entrega, o remetente é o expedidor e o destinatário é o expedidor.

1.3.3 ATRIBUIÇÃO

A consignação é o ato de consignar, que consiste em colocar qualquer material nas mãos de outra pessoa, mas mantendo a propriedade até que os bens sejam vendidos ou a pessoa seja transferida. Isto pode ser feito para expedição, transferência de bens para leilão ou para venda numa loja (ou seja, uma loja de consignação). Consignar significa enviar e, por conseguinte, consignação significa enviar bens para outra pessoa. No caso da consignação, as mercadorias são enviadas ao agente para efeitos de venda. A propriedade destas mercadorias continua a pertencer ao remetente. O agente vende as mercadorias em nome do remetente, de acordo com as suas instruções. O remetente das mercadorias é designado por expedidor e o agente é designado por destinatário.

1.3.4 As características da remessa são:

A relação entre as duas partes é a de expedidor e destinatário e não a de comprador e vendedor

O expedidor tem direito a receber todas as despesas relacionadas com a expedição.

O destinatário não é responsável pelos danos causados às mercadorias durante o transporte ou qualquer outro procedimento. As mercadorias são vendidas por conta e risco do expedidor. Os lucros ou perdas pertencem exclusivamente ao expedidor

Um expedidor que consigna mercadorias a um destinatário transfere a posse mas não a propriedade das mercadorias para o destinatário. O expedidor conserva a propriedade das mercadorias. O destinatário toma posse das mercadorias sob reserva de confiança. Se o destinatário der às mercadorias uma utilização não prevista no contrato de consignação, por exemplo, vendendo-as e ficando com o produto da venda para si próprio, comete um crime de peculato. A palavra consignação vem do francês consigner, que significa "entregar ou transmitir", originário do latim consigner "apor um selo", como se fazia com os documentos oficiais imediatamente antes de serem enviados.

CAPÍTULO 2 . IMPORTAÇÕES NACIONAIS

2.1 VISTA GERAL

Existe um procedimento geral, até certo ponto, para os procedimentos de importação nacionais e internacionais. O procedimento de importação nacional é quase inteiramente repetido no procedimento de importação internacional, pelo que é muito fácil compreender o procedimento internacional quando se compreende o procedimento nacional. O procedimento nacional é o seguinte

2.1.1 Entrega do Manifesto de Importação:

O capitão/agente da embarcação ou da aeronave deve entregar um manifesto de importação (um relatório de importação no caso de um veículo), no prazo de 24 horas após a chegada, no caso de uma embarcação, e 12 horas após a chegada, no caso de uma aeronave ou de um veículo, no formulário previsto. O prazo de apresentação do manifesto é prorrogável mediante justificação. No caso de uma embarcação ou de uma aeronave, o manifesto também pode ser apresentado mesmo antes da chegada da embarcação ou da aeronave (designado por Manifesto de Entrada Prévia). No caso dos navios, por razões de conveniência administrativa, estes manifestos prévios são aceites em qualquer dia no prazo de 14 dias antes da chegada prevista do navio.

Se o navio não chegar no prazo previsto de 14 dias, ou num prazo mais alargado eventualmente concedido pelo Comissário Assistente (Importação), o manifesto aceite a título provisório é anulado e o facto é comunicado por aviso público. Todas as guias de remessa apresentadas contra o manifesto anulado são anuladas. Os importadores devem devolver essas facturas ao serviço de importação e solicitar o reembolso dos direitos, se estes tiverem sido pagos. Se o mesmo navio entrar no porto após a anulação dos manifestos originais, será tratado como uma nova entrada e será exigido um novo manifesto

2.1.2 Segregação da carga:

Após a chegada da carga do avião ao armazém do operador em terra, de acordo com o manifesto recebido pelo operador. No manifesto, o tipo de carga é mencionado na carta de porte aéreo, de acordo com a qual a carga é separada e colocada em diferentes zonas de armazenamento no armazém.

As plantas e os géneros alimentícios, tais como os legumes frescos, podem necessitar de licenças especiais do Departamento de Agricultura exportador e terão também de ser apresentados a um funcionário do Ministério da Agricultura para inspeção antes de poderem ser libertados. As alfândegas não podem autorizar a saída destes produtos sem a autorização do funcionário autorizado adequado.

Recomenda-se vivamente aos importadores que, se possível, providenciem a presença de um funcionário autorizado para efetuar a inspeção antes da chegada da remessa, uma vez que o pessoal do Ministério da Agricultura não comparece habitualmente no hangar de carga aérea. Se não tiverem sido tomadas providências prévias

Os serviços aduaneiros são obrigados a reter todos os artigos eventualmente sujeitos a restrições até que um funcionário autorizado possa comparecer e inspecionar os artigos em causa. Isto aplica-se apenas no caso de uma importação internacional.

Da mesma forma, os objectos de valor, como o ouro, etc., são colocados e fechados num cofre no armazém na presença do funcionário da companhia aérea ou do cliente que tem de receber o artigo.

2.1.3Condições gerais:

A pessoa que apresenta as declarações ao abrigo desta secção tem de declarar a veracidade do seu conteúdo. Esta declaração tem consequências jurídicas, que vinculam a transportadora.

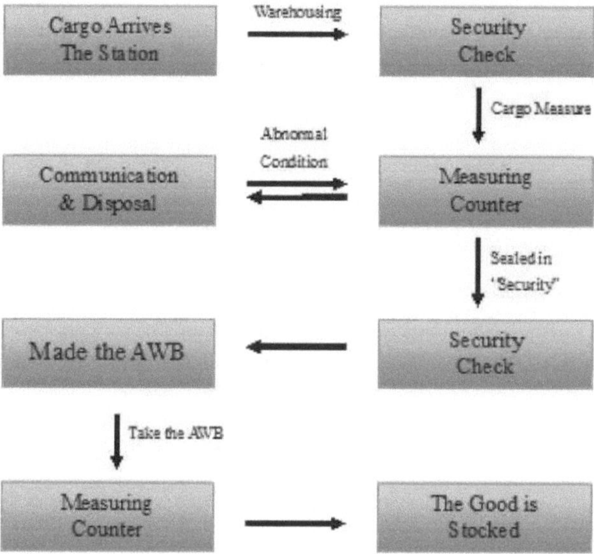

2.1.4Alterações:

Se, por qualquer motivo, o transportador desejar alterar ou completar o IGM, o funcionário competente autorizá-lo-á mediante o pagamento das taxas prescritas, se considerar que não existe qualquer intenção fraudulenta por detrás da ação. [Secção 30(3)].i

2.1.5Responsabilidade penal:

Qualquer declaração incorrecta no presente documento será abrangida pelas disposições penais da Secção 111(f) e da Secção 112.

(a)Excisão das IGMs dos elementos originalmente manifestados:

(i) Só é permitida a excisão de objectos originalmente manifestados a partir de I.G.Ms:

(ii)   A pedido, por escrito, dos agentes do navio;

(iii)   Mediante a apresentação dos documentos comprovativos da expedição de mercadorias a curto prazo;

(iv)   Mediante o pagamento de uma taxa, tal como prescrito.

(b)(i) Excisões ou alterações de rubricas do manifesto de importação que impliquem a redução do número de volumes:

Os agentes devem apresentar um pedido de anulação ou alteração do manifesto de importação que implique uma redução do número de volumes, da quantidade ou do peso dos mesmos, acompanhado

11

dos documentos comprovativos correspondentes. Essas excisões ou alterações só serão autorizadas se, após investigação adequada, se provar que a quantidade em excesso foi inicialmente indicada no manifesto de importação em resultado de um erro. Na ausência de tal prova, o pedido será retido para ser tratado pela secção "desalfandegamento do manifesto" no momento do encerramento do processo do voo.

(ii) Os pedidos de supressão ou de alteração de elementos relativamente aos quais tenham sido anotadas notas de entrada serão tratados pela secção "Apuramento do manifesto" se forem apresentados dois meses após a chegada do voo

Questões como o número de exemplares de manifestos a apresentar, a natureza dos formulários, a forma de declarar a carga, etc., são regidas pelos regulamentos seguintes:

(i) Regulamento (formulário) relativo aos relatórios de importação, 1976;

(ii)   Regulamento sobre o manifesto de importação (aeronaves), de 1976; e

(iii)   Regulamento sobre o manifesto de importação (navios), 1971;

De um modo geral, os regulamentos supramencionados estipulam a declaração separada da carga a desembarcar, da bagagem não acompanhada, das mercadorias a transportar e da carga de fundo ou de retenção. Devem também ser apresentadas declarações separadas relativamente a mercadorias perigosas/proibidas/sensíveis, tais como armas e munições, estupefacientes, ouro, etc. A condição principal dos regulamentos é que o manifesto deve abranger todas as mercadorias transportadas no veículo.

No que diz respeito a um navio, o manifesto de importação é constituído, além disso, por um pedido de entrada no território.

2.1.6Entrada para o interior:

O comandante do voo não deve permitir o descarregamento de quaisquer mercadorias importadas até ser dada uma ordem pelo funcionário competente que concede a entrada desse voo. Normalmente, a entrada só é concedida depois de o manifesto de importação ter sido entregue. Esta data de entrada é crucial para determinar a taxa do direito, tal como previsto na secção 15 da Lei Aduaneira de 1962. A descarga de determinados artigos, tais como bagagem acompanhada, malas de correio, animais, produtos perecíveis e mercadorias perigosas, está isenta desta obrigação.

2.1.7Enclausuramentos para importar o manifesto geral:

A alteração efectuada em 1995 (com efeitos a partir de 1-7-1995) introduz um novo formulário para a obtenção de entrada no país. Os formulários são concebidos de acordo com a Convenção IMO-FAL. Os formulários devem ser preenchidos exclusivamente nos formatos prescritos. Os formulários devem ser acompanhados de uma série de documentos anexos. Esta prática tem a sua origem noutros estatutos, como o Merchant Shipping Act, de 1880. No entanto, tendo em conta a referida convenção, a Administração emitiu instruções que dispensam a apresentação de vários documentos. No entanto, as seguintes declarações têm de ser apresentadas juntamente com o IGM:

(a)Declaração / certificado de carga no convés.

(b)Última cópia do certificado de apuramento do porto.

(c)Pedido de alteração (se for caso disso).

(d)Certificado de imposto sobre o rendimento no caso de uma carga de exportação.

(e)Certificado de carga de exportação nulo.

(f) Certificado "No Demand" do Port Trust.

(g)Certificado de imigração.

(h)Pedido de embarque/desembarque da tripulação (se for caso disso).

(i) Pedido de controlo da bagagem da tripulação no momento do embarque (se for caso disso).

Após a autorização recebida do escritório, a carga pode ser transferida para fora do armazém com a documentação fornecida para a plataforma de desalfandegamento, onde o transitário ou o próprio cliente virá buscar a carga em causa com o passe final fornecido para passar o último muro de segurança.

Importação por via aérea

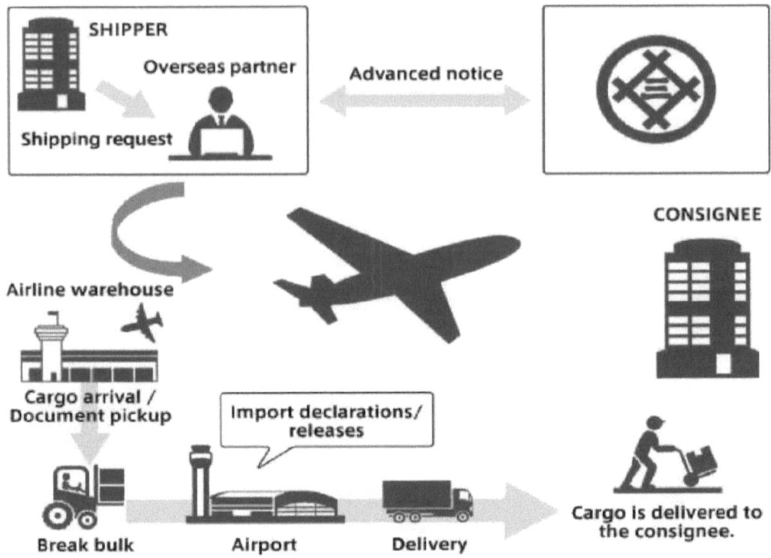

O fluxograma acima é a representação simples do fluxo físico da carga de importação no sector da carga aérea.

2.3 DOCUMENTAÇÃO

2.3.1 Procedimentos de importação no mercado interno:

Passo 1

O operador em terra recebe os dados do manifesto da alfândega ou da companhia aérea antes da chegada do voo. O pessoal do armazém recebe os documentos e a carga do operador em terra. Assegura a declaração e as chegadas com base na mensagem do manifesto. A reconciliação a nível das paletes é efectuada com base nos dados do manifesto.

A etiqueta de código de barras é fixada na palete e é mapeada com os dados do manifesto no HERMES.

Em seguida, a palete será enviada para o sistema de elevação e movimentação. Os documentos serão actualizados pelo CSO com base no Manifesto e na AWB

Passo 2

Depois de concluída a atualização dos documentos, o coordenador do armazém chama a palete para a área de desmontagem a partir do sistema de elevação e funcionamento. Abre a palete e identifica todas as unidades da remessa, verifica os dados Awb nos dispositivos portáteis e coloca todas as unidades da remessa no caixote. Se a remessa contiver mais unidades, será dividida em mais do que uma

Após este processo, a remessa é transferida para o local de armazenagem aplicável. O código de localização será lido pelo detetor portátil/unidade de leitura de código de barras e será atualizado no

HERMES.

Uma vez finalizado o voo, o sistema envia uma mensagem de segregação e localização às companhias aéreas. Qualquer discrepância/dano será registado e informado às companhias aéreas em causa. Os documentos recebidos pela equipa de receção do lado ar serão entregues às companhias aéreas

Passo 3

O exame é efectuado por um agente, mas não pela alfândega, uma vez que se trata de uma remessa nacional.

O pedido é atualizado no Hermes, a remessa/parte da remessa é transferida para análise

Após o exame, a remessa será transferida para o local de origem e colocada com a remessa principal.

Passo 4

Receber a mensagem de autorização de saída da alfândega para o HERMES. A CHA dirige-se à receção para a emissão de um salvo-conduto (VCT-Vehicle Control Ticket) para desalfandegar a carga depois de cumpridas todas as formalidades aduaneiras

O CSO recebe uma cópia impressa da alfândega, juntamente com o DO/Consol DO das companhias aéreas, a cópia do Awb do CHA e prepara a senha de acesso depois de cobrar todas as taxas necessárias

Logo que o VCT é gerado, o HERMES atribui um número simbólico ao veículo do CHA e o mesmo número é reencaminhado internamente para o sistema de reencaminhamento de chamadas do HERMES. O sistema de reencaminhamento de chamadas atribui a porta adequada e mantém a fila de espera dos veículos

Passo 5

O CHA estaciona o seu veículo no cais de carga de importação de acordo com o número da sua vez/do seu token indicado no painel de reencaminhamento de chamadas

O pessoal do armazém aceita a VCT da CHA, digitaliza o bilhete para obter as informações da VCT no seu computador de mão e, em conformidade, a carga é transferida do local de armazenagem para as portas e entregue e actualizada no HERMES, obtendo-se a confirmação da CHA/destinatário.

CAPÍTULO 3

3.1.1VISTA GERAL

1. Chegada das mercadorias e procedimentos prévios à entrega das mercadorias

a) Os transportes devem fazer escala apenas nos portos / aeroportos aduaneiros notificados

b) Poderes para abordar a transmissão, interrogar e exigir documentos

c) Entrega do manifesto de importação

d) Condições gerais

e) Alterações

f) Responsabilidade penal

g) Entrada para o interior

h) Anexos ao Manifesto Geral de Importação

i) Procedimento de apresentação do IGM nos postos aduaneiros que operam centros de serviços EDI

j) Apresentação da lista de lojas

k) Descarga e carregamento de mercadorias

l) Outros passivos das transportadoras

2. Procedimento de desalfandegamento das mercadorias importadas

a) Fatura de entrada - Declaração

b) Avaliação

c) Avaliação EDI

d) Exame das mercadorias

e) Instalação do canal verde

f) Pagamento de direitos

g) Alteração da fatura de entrada

h) Entrada prévia para a fatura de entrada

i) Navio-mãe/Navio de alimentação

j) Regimes especializados

k) Conhecimento de entrada para caução/armazenagem

3.1.2 Os transportes devem fazer escala apenas nos portos/ aeroportos aduaneiros notificados:

A Lei das Alfândegas de 1962 prevê que apenas os locais notificados pelo Governo serão portos ou aeroportos aduaneiros para a descarga de mercadorias importadas e o carregamento de mercadorias de exportação. Em cada um desses portos aduaneiros, o Comissário das Alfândegas está habilitado a aprovar locais adequados para a descarga e o carregamento de mercadorias, especificando igualmente os limites de qualquer zona aduaneira. A lei prevê ainda que a pessoa responsável pelo navio ou pela aeronave não deve fazer escala ou aterrar em qualquer outro local que não seja o porto/aeroporto aduaneiro, exceto em casos de emergência.

3.1.3Poderes de abordar o transporte, interrogar e exigir documentos :

O artigo 37.o autoriza o funcionário competente a embarcar em qualquer veículo que transporte mercadorias de importação ou de exportação. Pode permanecer a bordo o tempo que decidir. O funcionário competente pode interrogar a pessoa responsável pelo navio ou pela aeronave. Pode exigir a apresentação de documentos e fazer perguntas a que essa pessoa deve responder. A pessoa responsável pelo transporte é obrigada a cumprir estas exigências [secção 38].

3.1.4Entrega do Manifesto de Importação:

O capitão/agente da embarcação ou da aeronave deve entregar um manifesto de importação (um relatório de importação no caso de um veículo), no prazo de 24 horas após a chegada, no caso de uma embarcação, e 12 horas após a chegada, no caso de uma aeronave ou de um veículo, no formulário previsto. O prazo de apresentação do manifesto é prorrogável mediante justificação. No caso de uma embarcação ou de uma aeronave, o manifesto também pode ser apresentado mesmo antes da chegada da embarcação ou da aeronave (designado por Manifesto de Entrada Prévia). No caso dos navios, por razões de conveniência administrativa, estes manifestos prévios são aceites em qualquer dia dos 14 dias anteriores à chegada prevista do navio.

Se o navio não chegar no prazo previsto de 14 dias, ou num prazo mais alargado eventualmente concedido pelo Comissário Assistente (Importação), o manifesto aceite a título provisório é anulado e o facto é comunicado por aviso público. Todas as guias de remessa apresentadas contra o manifesto anulado são anuladas. Os importadores devem devolver essas facturas ao serviço de importação e solicitar o reembolso dos direitos, se estes tiverem sido pagos. Se o mesmo navio entrar no porto após a anulação dos manifestos originais, será tratado como uma nova entrada e será exigido um novo manifesto

3.1.5 Condições gerais:

A pessoa que apresenta as declarações ao abrigo desta secção tem de declarar a veracidade do seu conteúdo. Esta declaração tem consequências jurídicas, que vinculam a transportadora. [Secção 30(2)].

3.1.6Alterações:

Se, por qualquer motivo, o transportador desejar alterar ou completar o IGM, o funcionário competente autorizá-lo-á mediante o pagamento das taxas prescritas, se considerar que não existe qualquer intenção fraudulenta por detrás da ação. [Secção 30(3)].

3.1.7Responsabilidade penal: :

Qualquer declaração incorrecta no presente documento será abrangida pelas disposições penais da Secção 111(f) e da Secção 112.

(a)Excisão das IGMs dos elementos originalmente manifestados:

(a)Só é permitida a excisão de objectos originalmente manifestados no I.G.Ms:

(i) A pedido, por escrito, dos agentes do navio;

(ii) Mediante a apresentação dos documentos comprovativos da expedição de mercadorias a curto prazo;

(iii) Mediante o pagamento de uma taxa, tal como prescrito.

(b)(i) Excisões ou alterações de rubricas do manifesto de importação que impliquem a redução do número de volumes:

Os agentes dos navios a vapor devem apresentar um pedido de anulação ou alteração do manifesto de importação que implique uma redução do número de volumes ou da quantidade ou peso dos mesmos, acompanhado dos documentos comprovativos correspondentes. Essas excisões ou alterações só serão autorizadas se, após investigação adequada, se provar que a quantidade em excesso foi inicialmente indicada no manifesto de importação em resultado de um erro. Na ausência de tal prova, o pedido será retido para ser tratado pela secção "desalfandegamento do manifesto" no momento do encerramento do processo do navio.

(ii) Os pedidos de supressão ou de alteração de elementos relativamente aos quais tenham sido emitidas notas de entrada serão tratados pela secção "Apuramento do manifesto" se forem apresentados dois meses após a chegada do navio.

Questões como o número de exemplares de manifestos a apresentar, a natureza dos formulários, a forma de declarar a carga, etc., são regidas pelos regulamentos seguintes:

(i) Regulamento (formulário) relativo aos relatórios de importação, 1976;

(ii) Regulamento sobre o manifesto de importação (aeronaves), de 1976; e

(iii) Regulamento sobre o manifesto de importação (navios), 1971;

De um modo geral, os regulamentos supramencionados estipulam a declaração separada da carga a desembarcar, da bagagem não acompanhada, das mercadorias a transportar e da carga de fundo ou de retenção. Devem também ser apresentadas declarações separadas relativamente a mercadorias perigosas/proibidas/sensíveis, tais como armas e munições, estupefacientes, ouro, etc. A condição principal dos regulamentos é que o manifesto deve abranger todas as mercadorias transportadas no veículo.

No que diz respeito a um navio, o manifesto de importação é constituído, além disso, por um pedido de entrada no território.

3.1.8 Entrada para o interior:

O capitão do navio não deve permitir o descarregamento de quaisquer mercadorias importadas até que seja dada uma ordem pelo funcionário competente que concede a entrada desse navio. Normalmente, a entrada só é concedida depois de o manifesto de importação ter sido entregue. Esta data de entrada é crucial para determinar a taxa do direito, tal como previsto na secção 15 da Lei Aduaneira de 1962. A descarga de determinados artigos, tais como bagagem acompanhada, malas de correio, animais, produtos perecíveis e mercadorias perigosas, está isenta desta disposição.

3.1.9 Anexos ao manifesto geral de importação:

A alteração efectuada em 1995 (com efeitos a partir de 1-7-1995) introduz um novo formulário para a obtenção de entrada no país. Os formulários são concebidos de acordo com a Convenção IMO-FAL. Os formulários devem ser preenchidos exclusivamente nos formatos prescritos. Os formulários devem ser acompanhados de uma série de documentos anexos. Esta prática tem a sua origem noutros estatutos, como o Merchant Shipping Act, de 1880. No entanto, tendo em conta a referida convenção, a Administração emitiu instruções que dispensam a apresentação de vários documentos. No entanto, as seguintes declarações têm de ser apresentadas juntamente com o IGM:

(a) Declaração / certificado de carga no convés.

(b) Última cópia do certificado de apuramento do porto.

(c) Pedido de alteração (se for caso disso).

(d) Certificado de imposto sobre o rendimento no caso de uma carga de exportação.

(e) Certificado de carga de exportação nulo.

(f) Certificado "No Demand" do Port Trust.

(g) Certificado de imigração.

(h) Pedido de embarque/desembarque da tripulação (se for caso disso).

(i) Pedido de controlo da bagagem da tripulação no momento do embarque (se for caso disso).

3.1.10 Procedimento de apresentação da IGM nos postos aduaneiros que operam centros de serviços EDI:

(i) IGM por companhias marítimas:

A companhia marítima/agente marítimo deve apresentar o manifesto no formulário prescrito no centro de serviços. As companhias marítimas devem apresentar a versão eletrónica do manifesto geral de importação em disquetes, contendo todos os pormenores e informações. As companhias marítimas devem certificar-se de que todos os dados e pormenores do manifesto geral de importação apresentado manualmente ou através de disquetes estão correctos. Os agentes de navegação que não disponham de dados em disquete podem dirigir-se ao centro de serviços das alfândegas e obter os dados do IGM introduzidos no sistema. Devem igualmente certificar-se de que os dados do conhecimento de embarque interno são igualmente incorporados no IGM no caso de carga de consola.

Aquando da chegada do navio, a companhia marítima deve dirigir-se ao agente de prevenção para que lhe seja concedida a entrada. Antes de apresentar o pedido, a companhia marítima tem de efetuar o pagamento das taxas da Light House.

No caso de a companhia marítima apresentar um IGM após a chegada do navio, deve ser seguido o procedimento acima referido para o IGM anterior, exceto no que respeita à indicação da data de chegada do navio. Após a apresentação, a companhia marítima deve dirigir-se ao funcionário competente para obter a autorização de entrada no sistema.

(ii) IGM por via aérea:

As companhias aéreas são obrigadas a apresentar os IGM no formato prescrito. No caso dos complexos de carga aérea com EDI, os IGM podem ser apresentados por via eletrónica. As IGM a apresentar devem conter todos os pormenores e informações. Por outras palavras, as companhias aéreas devem fornecer não só os pormenores das Master Airway Bills, mas também as House Airway Bills no caso da carga de consola. As companhias aéreas devem igualmente fornecer informações adicionais, nomeadamente os números ULD, para utilização pelas entidades de custódia.

3.1.11 Descarga e carregamento de mercadorias:

As mercadorias importadas só devem ser descarregadas do navio após a concessão da entrada. As mercadorias importadas só podem ser descarregadas se estiverem especificadas no manifesto/relatório de importação para serem descarregadas nessa estação aduaneira. As mercadorias importadas não podem ser descarregadas em nenhum outro local para além dos locais previstos para o efeito. Além disso, as mercadorias importadas só poderão ser descarregadas de um veículo sob o controlo do funcionário competente. Do mesmo modo, para descarregar mercadorias importadas num domingo ou em qualquer dia feriado, deverá ser dado um aviso prévio e deverão ser pagas as taxas prescritas para o efeito.

3.1.12 Outras responsabilidades das transportadoras:

Nos termos das secções 115 e 116, as pessoas responsáveis por embarcações ou aeronaves têm outras responsabilidades, que são importantes e dignas de nota. A secção 115 prevê o confisco da embarcação ou de outro meio de transporte nas seguintes circunstâncias

(a) Um meio de transporte que se encontre em águas, portos ou zonas aduaneiras da Índia e que tenha sido adotado, adaptado, modificado ou alterado para ocultar mercadorias.

(b) Um meio de transporte do qual as mercadorias são lançadas borda fora, adornadas ou destruídas de forma a impedir a sua apreensão pelos funcionários aduaneiros.

(c) Um transporte que desobedece a qualquer ordem de paragem ou aterragem, sem motivo suficiente, ao abrigo da Secção 106.

(d) Um meio de transporte a partir do qual as mercadorias objeto de um pedido de draubaque são descarregadas sem a autorização do funcionário competente.

(e) Um transporte que deu entrada com mercadorias, das quais falta uma parte substancial das mercadorias, e a não prestação de contas por parte do capitão.

Qualquer embarcação utilizada como meio de transporte para o contrabando de mercadorias ou para o transporte de mercadorias de contrabando é suscetível de ser confiscada, a menos que o proprietário prove que foi utilizada sem o conhecimento ou a conivência do proprietário, do seu agente e da pessoa responsável pela embarcação. Sempre que um meio de transporte deste tipo seja confiscado, deve ser dada ao proprietário do meio de transporte a possibilidade de pagar uma coima de resgate. O limite máximo para a aplicação da coima de resgate é o valor de mercado das mercadorias em causa.

Em conformidade com a secção 116, pode ser aplicada uma sanção à pessoa responsável pelo navio se não forem contabilizadas todas as mercadorias carregadas no navio para importação para a Índia ou transbordadas ao abrigo das disposições da lei aduaneira e estas não forem descarregadas no local de destino na Índia ou se a quantidade descarregada for inferior à quantidade a descarregar num determinado destino. A sanção pode ser anulada se a falta de descarga ou a deficiência na descarga for justificada a contento do funcionário competente. Assim, em caso de falta não justificada de forma satisfatória, a pessoa responsável pelo navio é passível de uma sanção que pode atingir o dobro dos direitos devidos sobre as mercadorias de importação não justificadas.

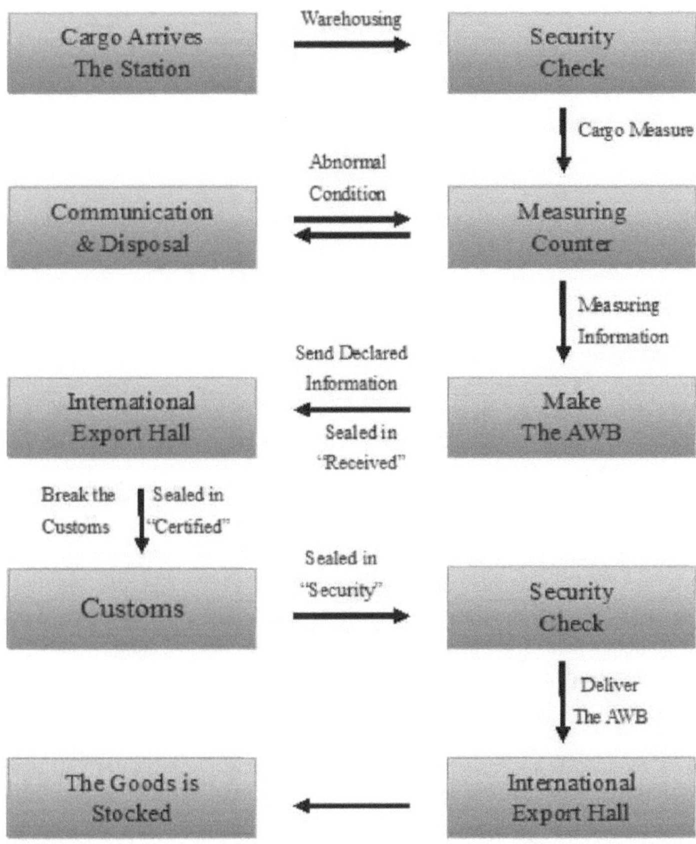

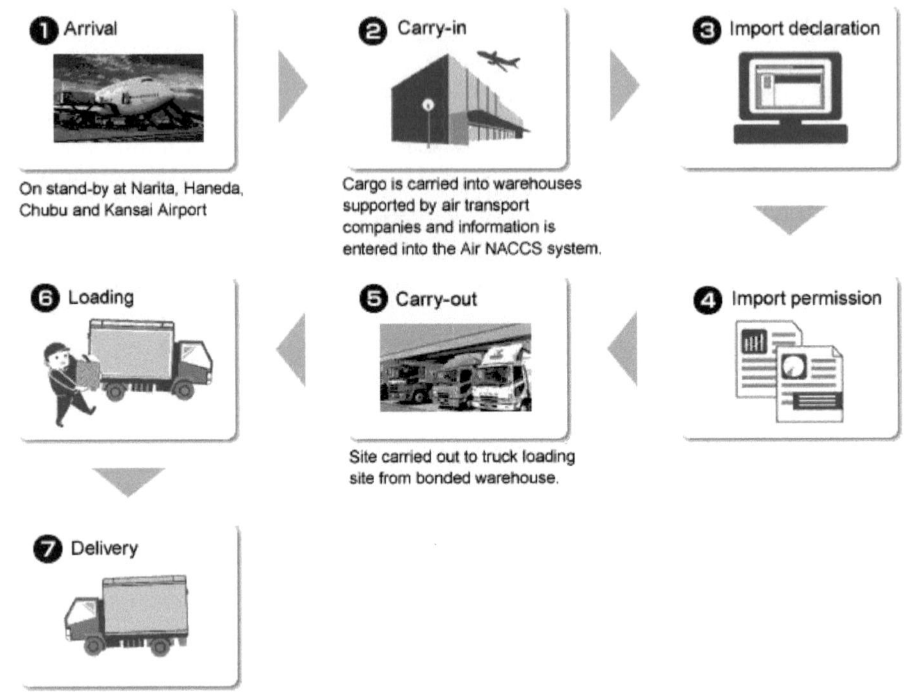

3.2DOCUMENTAÇÃO

3.2.1PROCEDIMENTO DE DESALFANDEGAMENTO DAS MERCADORIAS IMPORTADAS

3.2.1(a)Conhecimento de entrada - Declaração de carga:

As mercadorias importadas num navio/aeronave estão sujeitas a direitos aduaneiros e, a menos que não se destinem a ser desalfandegadas no porto/aeroporto de chegada por um determinado navio/aeronave e se destinem a trânsito no mesmo navio/aeronave ou a transbordo para outra estação aduaneira ou para qualquer local fora da Índia, os importadores devem cumprir as formalidades pormenorizadas de desalfandegamento das mercadorias desembarcadas. No que respeita às mercadorias em trânsito, desde que estas sejam mencionadas no relatório de importação/IGM para trânsito para qualquer local fora da Índia, as alfândegas autorizam o trânsito sem pagamento de direitos. Do mesmo modo, no que respeita às mercadorias transportadas por um determinado navio/aeronave para transbordo para outra estação aduaneira, não estão previstas formalidades pormenorizadas de desalfandegamento no porto/aeroporto de desembarque, devendo o transportador e os organismos competentes seguir um procedimento simples de transbordo. As formalidades de desalfandegamento têm de ser cumpridas pelo importador após a chegada das mercadorias à outra estação aduaneira. Pode também haver casos de transbordo das mercadorias após a descarga num porto fora da Índia. Também neste caso, os regulamentos prevêem um procedimento mais simples para o transbordo, não sendo necessário o pagamento de direitos. (As secções 52 a 56 das Alfândegas são relevantes a este respeito)

No que respeita às outras mercadorias descarregadas, os importadores têm a opção de desalfandegar as mercadorias para consumo interno após o pagamento dos direitos aplicáveis ou de as desalfandegar para armazenagem sem o pagamento imediato dos direitos aplicáveis em conformidade com as disposições relativas à armazenagem previstas na lei aduaneira. Todos os importadores devem apresentar, em conformidade com a secção 46, uma declaração (designada "fatura de entrada") para consumo interno ou armazenagem, segundo as modalidades prescritas pela regulamentação.

Consultar a Circular n.º 15/2009-Cus, de 12/5/2009

Se as mercadorias forem desalfandegadas através do sistema EDI, não é apresentada qualquer nota de entrada formal, uma vez que esta é gerada no sistema informático, mas o importador é obrigado a apresentar uma declaração de carga com os dados prescritos necessários para A nota de entrada, quando apresentada, deve ser apresentada num conjunto, com diferentes exemplares destinados a diferentes fins e também com um esquema de cores diferente, e no corpo da nota de entrada a finalidade para a qual será utilizada é geralmente mencionada na declaração não EDI.

O importador que desalfandega as mercadorias para consumo interno tem de apresentar a fatura de entrada em quatro exemplares; o original e o duplicado destinam-se às alfândegas, o terceiro exemplar ao importador e o quarto exemplar ao banco para efetuar as remessas. No sistema não EDI, para além da fatura de entrada apresentada pelo importador ou pelo seu representante, são geralmente exigidos os seguintes documentos

Fatura assinada

Lista de embalagem

Conhecimento de embarque ou ordem de entrega/carta de porte aéreo

Formulário de declaração do GATT devidamente preenchido

Declaração do importador/CHA

Licença sempre que necessário

Carta de crédito/cheque bancário/onde for necessário

Documento de seguro

Licença industrial, se necessário

Relatório de ensaio no caso de produtos químicos

Ordem de isenção ad hoc

Catálogo, documentação técnica, literatura no caso de máquinas, peças sobressalentes ou produtos químicos, conforme aplicável

Separação do valor das peças sobressalentes, componentes e máquinas

Certificado de origem, se for solicitada uma taxa de direito preferencial

Sem declaração da Comissão

Ao apresentar a fatura de entrada e ao fornecer os vários dados nela previstos, o importador deve igualmente certificar a exatidão das informações prestadas, sob a forma de uma declaração ao pé da fatura de entrada, e qualquer declaração incorrecta tem consequências jurídicas, devendo o importador tomar as devidas precauções ao assinar essas declarações.

No âmbito do sistema EDI, o importador não apresenta documentos propriamente ditos para avaliação, mas apresenta declarações em formato eletrónico que contêm todas as informações pertinentes ao centro de serviços. O operador do centro de serviços recolhe uma cópia em papel assinada da declaração para verificar se a declaração não é fiável. É gerada uma lista de controlo para verificação dos dados pelo importador/CHA. Após a verificação, os dados são apresentados ao sistema pelo operador do centro de serviços e o sistema gera então um número B/E, que é aposto na lista de controlo impressa e devolvido ao importador/CHA. Nesta fase, não são recolhidos quaisquer documentos originais. Os documentos originais são recolhidos aquando do exame. O importador/CHA também precisa de assinar o documento final após o desalfandegamento.

A primeira fase do processamento de um conhecimento de entrada é a chamada anotação do conhecimento de entrada em relação ao IGM apresentado pelo transportador. No sistema não-EDI, o importador tem de fazer com que o conhecimento de entrada seja anotado na unidade em causa, que verifica se a remessa que se pretende desalfandegar foi manifestada no navio em causa, sendo gerado um número de conhecimento de entrada que é indicado em todas as cópias. Após ter sido anotada, a nota de entrada é enviada para a secção de avaliação da alfândega para funções de avaliação, pagamento de direitos, etc. No sistema EDI, os agentes dos navios a vapor recebem o manifesto através do EDI ou recorrendo ao centro de serviços da alfândega e o aspeto da anotação é verificado pelo próprio sistema - que também gera o número da nota de entrada.

Após a anotação/registo da nota de entrada, esta é enviada manual ou eletronicamente ao grupo de avaliação em causa na câmara aduaneira que trata da mercadoria que se pretende desalfandegar. A secção de avaliação da câmara aduaneira tem vários grupos que se ocupam das mercadorias classificadas em diferentes capítulos da pauta aduaneira e que procedem a um exame mais aprofundado para efeitos de avaliação, autorização de importação, etc.

3.2.2 Avaliação:

A principal função do funcionário responsável pela avaliação nos grupos de avaliação consiste em determinar a obrigação de pagamento dos direitos, tendo em devida conta as isenções ou vantagens solicitadas ao abrigo de diferentes regimes de promoção das exportações[4]. Devem igualmente verificar se existem restrições ou proibições aplicáveis às mercadorias importadas e se estas necessitam de alguma autorização/licença/permissão, etc., e, em caso afirmativo, se estas estão disponíveis. A avaliação dos direitos implica essencialmente a classificação correcta das mercadorias importadas na pauta aduaneira, tendo em conta as regras de interpretação, as notas de capítulo e de secção, etc., e a determinação da obrigação de pagamento dos direitos. Implica igualmente a determinação correcta do valor quando as mercadorias são avaliadas numa base ad valorem. O responsável pela avaliação tem de tomar nota da fatura e de outras declarações apresentadas juntamente com a nota de entrada para fundamentar o pedido de avaliação e decidir se o método do valor transacional e o valor da fatura invocados para a base de avaliação são aceitáveis ou se o valor deve ser pré-determinado, tendo devidamente em conta as disposições da Secção 14 e as regras de avaliação emitidas em conformidade, a jurisprudência e várias instruções sobre a matéria. Toma igualmente nota dos valores contemporâneos e de outras informações sobre a avaliação disponíveis na alfândega.

Sempre que o auditor não tenha uma ideia muito clara da descrição das mercadorias no documento ou tenha dúvidas quanto à sua classificação correcta, que só poderá determinar após um exame pormenorizado da natureza das mercadorias ou da análise das suas amostras, pode emitir uma ordem de exame antes da finalização da avaliação, incluindo uma ordem para a retirada de uma amostra representativa. Esta medida é geralmente tomada no verso da cópia original da fatura de entrada que é apresentada pelo agente autorizado do importador ao pessoal de avaliação colocado nas docas/complexos de carga aérea onde as mercadorias são examinadas na presença do representante do importador.

Após a receção do relatório de exame, os funcionários avaliadores do grupo procedem à avaliação da fatura de entrada. Indica a classificação final e a avaliação na fatura de entrada, indicando separadamente os vários direitos, tais como direitos de base, de compensação, anti-dumping, de salvaguarda, etc., que podem ser cobrados. Posteriormente, a fatura de entrada é enviada ao Comissário-Adjunto ou ao Comissário-Adjunto para confirmação, em função de determinados limites de valor, e enviada ao contabilista, que calcula o montante do direito tendo em conta a taxa de câmbio na data relevante, tal como previsto na Secção 14 da Lei Aduaneira.

Após a avaliação e o cálculo dos direitos devidos, o representante do importador deve depositar o montante dos direitos calculados junto dos serviços de tesouraria ou dos bancos designados, podendo em seguida solicitar a entrega das mercadorias aos depositários. Nos casos em que as mercadorias já tenham sido examinadas para finalizar a classificação ou a avaliação, não é necessário qualquer outro exame/controlo por parte do pessoal de avaliação das docas no momento da entrega, podendo as mercadorias ser entregues após a receção das encomendas adequadas e o pagamento dos eventuais direitos aos depositários.

Na maior parte dos casos, o avaliador avalia as mercadorias com base nas informações e nos dados fornecidos ao importador na nota de entrada, na fatura e noutros documentos conexos, incluindo o catálogo, o registo, etc. Determina igualmente se as mercadorias podem ser importadas ou se existem restrições/proibições. Pode autorizar o pagamento dos direitos e a entrega das mercadorias com base no que se designa por segundo controlo/apreciação, caso não existam restrições/proibições. Neste método, os direitos, tal como determinados e calculados, são pagos na alfândega e é emitida uma ordem adequada no verso do duplicado da fatura de entrada e o importador ou o seu agente, após o pagamento dos direitos, apresenta as mercadorias ao pessoal encarregado do controlo nos armazéns de importação nas docas, etc. Se se verificar que as mercadorias são as declaradas e não forem detectadas quaisquer outras discrepâncias/mal-declarações, etc., o importador ou o seu agente pode desalfandegar as mercadorias após o avaliador do armazém ter emitido uma ordem de saída.

Sempre que o importador não estiver satisfeito com a classificação, a taxa do direito ou a avaliação determinada pelo avaliador, pode solicitar uma ordem de avaliação. A decisão de avaliação pode ser objeto de recurso junto da autoridade de recurso competente, nos prazos e segundo as modalidades previstas

3.2.3 Avaliação do IEDD:

No sistema EDI de tratamento dos documentos/declarações para a obtenção dos despachos de importação, tal como já foi referido, a declaração de carga é transferida para o responsável pela avaliação nos grupos por via eletrónica. O responsável pela avaliação processa a declaração da carga no ecrã, tendo em conta todos os parâmetros acima referidos para o processo manual. No entanto, no sistema EDI, todos os cálculos são efectuados pelo próprio sistema. Além disso, o sistema também fornece informações úteis para o cálculo do direito, por exemplo, quando uma determinada notificação de isenção é aceite, o próprio sistema indica o âmbito da isenção ao abrigo dessa notificação e calcula o direito em conformidade. Do mesmo modo, aplica automaticamente a taxa de câmbio em vigor durante o cálculo. Por conseguinte, o sistema EDI não necessita de qualquer comptista. Se o responsável pela avaliação necessitar de qualquer esclarecimento por parte do importador, pode efetuar uma consulta. A consulta é impressa no centro de serviços e a parte responde à consulta através do centro de serviços.

Após a avaliação, uma cópia da nota de entrada avaliada é impressa no centro de serviços. No âmbito do EDI, os documentos são normalmente examinados no momento do exame das mercadorias. A fatura de entrada final é impressa depois de o funcionário das alfândegas ter dado a indicação "sem encargos".

No sistema EDI, em certos casos, está disponível a possibilidade de avaliação do sistema. No âmbito deste processo, a declaração do importador é considerada correcta e o próprio sistema calcula os direitos que são pagos pelo importador. Neste caso, não é necessário recorrer a um responsável pela avaliação. Além disso, algumas das principais estâncias aduaneiras dispõem de um serviço de tele-inquérito que permite verificar, por telefone, a situação dos documentos apresentados através dos sistemas EDI. Se for levantada alguma questão, esta pode ser impressa por fax no escritório do importador/exportador/CHA.

3.2.4 Exame das mercadorias:

Todas as mercadorias importadas devem ser examinadas para verificar a exatidão da designação constante da fatura de entrada. No entanto, uma parte da remessa é selecionada aleatoriamente e examinada. Caso o importador não disponha de informações completas no momento da importação, pode solicitar a verificação das mercadorias antes de determinar a obrigação de pagamento dos direitos ou, se o avaliador aduaneiro/assistente do comissário considerar que as mercadorias devem ser examinadas antes da avaliação, as mercadorias são examinadas antes da avaliação. Este procedimento é designado por primeira avaliação. O importador tem de solicitar uma primeira verificação no momento da apresentação da fatura de entrada ou na fase de introdução de dados. É igualmente necessário indicar o motivo do pedido de primeira avaliação. No original da fatura de entrada, o avaliador aduaneiro regista a ordem de verificação e devolve a fatura de entrada ao importador/CHA com as instruções de verificação, que a deve levar ao armazém de importação para verificação das mercadorias no armazém. O avaliador do hangar/examinador da doca examina as mercadorias de acordo com a ordem de exame e regista as suas conclusões. No caso de o grupo ter solicitado amostras, envia as amostras seladas para o grupo. O importador deve devolver a referida fatura de entrada ao avaliador para que este proceda à liquidação dos direitos. O avaliador avalia a fatura de entrada. A fatura é assinada pelo Assistant/Deputy Commissioner se o seu valor for superior a Rs. 1 lakh. As mercadorias também podem ser examinadas após a avaliação e o pagamento dos direitos. Trata-se de uma segunda avaliação. A maior parte das remessas é apurada com base numa segunda avaliação. É de notar que a totalidade da remessa não é examinada. Apenas os volumes seleccionados aleatoriamente são examinados no armazém.

No âmbito do sistema EDI, a nota de entrada, após a avaliação pelo grupo ou a primeira avaliação, consoante o caso, deve ser apresentada no balcão para registo para exame no armazém de importação. Nesta fase, deve ser feita uma declaração relativa à exatidão das menções e à autenticidade dos documentos originais. Após o registo, o B/E é transmitido ao avaliador do armazém para exame das mercadorias. Juntamente com o B/E, o CHA deve apresentar todos os documentos necessários. Após o exame das mercadorias, o avaliador do armazém regista o relatório no sistema e transfere a primeira avaliação da B/E para o grupo e, no caso das B/E já avaliadas, dá a indicação "sem encargos". Em seguida, o sistema imprime a nota de entrada e a ordem de desalfandegamento (em triplicado). Todos estes exemplares contêm o relatório de exame, o número da ordem de apuramento e o nome do avaliador do hangar. Os dois exemplares da B/E e da ordem devem ser devolvidos ao

CHA/Importador, depois de assinados pelo avaliador. Um exemplar da ordem é anexado ao exemplar aduaneiro da B/E e conservado pelo avaliador de hangares.

3.2.5 Instalação do canal verde:

Alguns dos principais importadores beneficiaram da facilidade de desalfandegamento do canal verde. Isto significa que o desalfandegamento das mercadorias é efectuado sem exame de rotina das mesmas. Têm de fazer uma declaração no formulário de declaração no momento da apresentação da fatura de entrada. A avaliação é efectuada de acordo com o procedimento normal, exceto no que se refere ao facto de não se proceder ao exame físico das mercadorias. Nestes casos, apenas são controladas as marcas e o número. No entanto, em casos raros, se existirem dúvidas específicas quanto à designação ou à quantidade das mercadorias, pode ser ordenado um exame físico pelos funcionários superiores ou pela secção de investigação, como o SIIB.

3.2.6 Execução das obrigações:

Consultar a Circular n.º 9/2007-Cus, de 7/2/2007

Sempre que necessário, para beneficiar de uma avaliação com isenção de direitos ou de uma avaliação em condições favoráveis ao abrigo de diferentes regimes e notificações, é necessário apresentar obrigações relativas à utilização final com garantia bancária ou outra garantia. Estas devem ser executadas nos formulários prescritos perante o avaliador.

3.2.7 Pagamento de direitos:

Os direitos podem ser pagos nos bancos designados ou através dos "challans" TR-6. As diferentes estâncias aduaneiras autorizaram diferentes bancos para o pagamento dos direitos. É necessário verificar o nome do banco e a sucursal antes de depositar os direitos. O banco endossa os dados relativos ao pagamento na caderneta que é apresentada às alfândegas.

3.2.8 Alteração da fatura de entrada:

Sempre que forem detectados erros após a apresentação dos documentos, a alteração da inscrição é efectuada com a aprovação do Comissário Adjunto. O pedido de alteração pode ser apresentado com os documentos comprovativos. Por exemplo, se for necessário alterar o número do contentor, é necessária uma carta do agente marítimo. A alteração do documento pode ser autorizada depois de as mercadorias terem sido entregues a título gratuito, ou seja, depois de as mercadorias terem sido desalfandegadas, mediante apresentação de provas suficientes ao Comissário Adjunto/Assistente.

3.2.9 Lançamento prévio da fatura de entrada:

Para acelerar o desalfandegamento das mercadorias, a secção 46 da lei prevê a apresentação de um documento de entrada antes da chegada das mercadorias. Esta fatura de entrada é válida se o navio/aeronave que transporta as mercadorias chegar no prazo de 30 dias a contar da data de apresentação da fatura de entrada. O importador deve apresentar 5 exemplares do conhecimento de entrada e o quinto exemplar é designado por exemplar de aviso prévio. O importador tem de declarar que o navio/aeronave deve chegar no prazo de 30 dias e tem de apresentar a fatura de entrada para anotação final logo que a IGM seja apresentada. A anotação prévia está disponível para todas as importações, exceto para o conhecimento de entrada sob caução e também durante o período especial.

3.2.10 Navio-mãe/Navio de alimentação:

Frequentemente, no caso de mercadorias provenientes de navios porta-contentores, estas são transferidas num porto intermédio (como o Ceilão) do navio-mãe para navios mais pequenos denominados navios feeder. Aquando da apresentação da nota prévia B/E, o importador não sabe qual o navio que trará finalmente as mercadorias para o porto indiano. Nesses casos, o nome do navio-mãe pode ser preenchido com base no conhecimento de embarque. Aquando da chegada do navio alimentador, o conhecimento de entrada pode ser alterado para mencionar os nomes do navio-mãe e do navio alimentador.

3.2.11 Regimes especializados:

A importação de mercadorias é efectuada ao abrigo de regimes especializados como o DEEC ou o EOU, etc. Nesses casos, o importador é obrigado a subscrever obrigações perante as autoridades aduaneiras, a fim de satisfazer as condições previstas nas respectivas notificações. Se o importador não cumprir as condições, terá de pagar os direitos aplicáveis a essas mercadorias. O montante da garantia seria igual ao montante dos direitos aplicáveis às mercadorias importadas. A garantia bancária é igualmente exigida juntamente com a caução. No entanto, o montante da garantia bancária depende do estatuto do importador, como Super Star Trading House/Trading House, etc.

3.2.12 Conhecimento de entrada para caução/armazenagem:

Para o desalfandegamento de mercadorias para armazenagem, é utilizado um formulário de registo de entrada separado. Todos os documentos que devem ser anexados a uma fatura de entrada para consumo interno devem igualmente ser apresentados com a fatura de entrada para armazenagem. A fatura de entrada é avaliada da mesma forma e o direito a pagar é determinado. No entanto, uma vez que o pagamento dos direitos não é exigido no momento do armazenamento das mercadorias, o objetivo da avaliação das mercadorias nesta fase é garantir o pagamento dos direitos no caso de as mercadorias não chegarem ao armazém. O direito é pago no momento do desalfandegamento a posteriori das mercadorias relativamente às quais é apresentada uma nota de entrada a posteriori.

(Referências: Bill of Entry (Forms) Regulations, 1976, IATA carnet (Form Bill of Entry and Shipping Bill) Regulations, 1990,Uncleared goods (Bill of entry) regulation, 1972, , CBEC Circulars No. 22/97, dated 4/7/1997, 63/97, dated 21/11/1997).

CAPÍTULO 4

4.1 VISÃO GERAL

Procedimentos de manuseamento na exportação

Passo 1

O HMACPL recebe a mensagem do conhecimento de embarque aduaneiro e remete uma cópia do AWB, anexo C/Manual SB para recolha de dadosCHA aborda a equipa de criação de VCT - colocada na receção principal da carga para ordem de serviço de descarga (VCT)

Esta equipa recolhe os encargos do TSP (Terminal Storage & Processing), emite a ordem de trabalho de descarga da carga de exportação (VCT - Vehicle Control Ticket) e envia-a ao CHA (Customs House Agent)

Logo que o VCT é gerado, o HERMES atribui um número de token a esse veículo. Este número será encaminhado para o sistema de reencaminhamento de chamadas do HERMES. O sistema de reencaminhamento de chamadas atribui a porta adequada e mantém a fila de espera dos veículos

Passo 2

O CHA dá instruções para colocar o veículo na doca dos camiões de acordo com a ficha/volta indicada no quadro de reencaminhamento de chamadas.

O coordenador de armazém recebe e digitaliza as TCV para obter informações sobre as TCV na sua unidade portátil.

A carga é descarregada e é efectuada a reconciliação entre o peso declarado e o peso chegado, as unidades e a mercadoria. A discrepância será actualizada no sistema e serão cobrados os encargos aplicáveis. (Em caso de declaração incorrecta, serão cobradas sanções)

Logo que a carga é descarregada no armazém, o HERMES envia uma mensagem de chegada da carga às alfândegas e às companhias aéreas

Passo 3

A totalidade da remessa será descarregada e colocada numa zona não esterilizada. Após o exame aduaneiro, a carga emitida pela Leo será submetida a um rastreio por raios X e transferida para a zona esterilizada

Os carregamentos que estão prontos para a construção de ULD após o rastreio por raios X serão planeados para a construção de ULD pelos nossos supervisores com base no plano de carga das companhias aéreas.

Após a construção das paletes, os ULD serão enviados para o sistema de elevação e movimentação para armazenamento

Em função da hora normal de partida do voo, o agente de assistência em escala aborda-nos e, em conformidade, os ULD são libertados do sistema de elevação e encaminhamento, sendo os mesmos actualizados no Hermes.

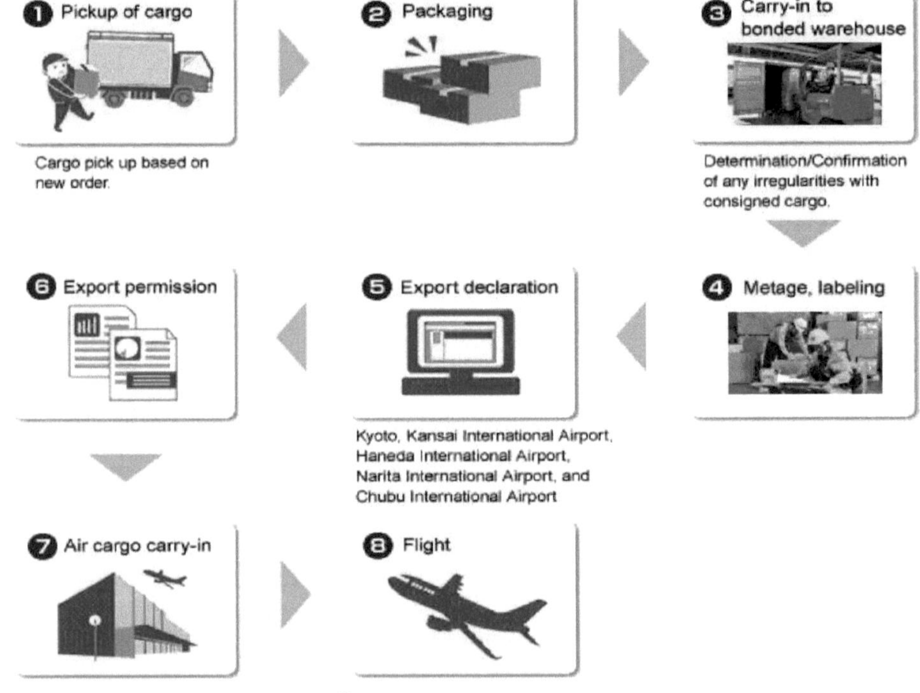

4.2PROCESSO E DOCUMENTAÇÃO PORMENORIZADOS

=> Registo

=> Processamento do conhecimento de embarque - Não-EDI

=> Processamento do conhecimento de embarque - EDI

=> Procedimento de octroi, atribuição de quotas e outras certificações para mercadorias de exportação

=> Chegada das mercadorias às docas

=> Sistema de avaliação das guias de remessa

=> Estado do documento de transporte

=> Controlo aduaneiro da carga de exportação

=> Variação entre a declaração e o exame físico

=> Alterações

=> Exportação de mercadorias ao abrigo do pedido de draubaque

=> Geração de guias de remessa

=> Manifesto geral de exportação

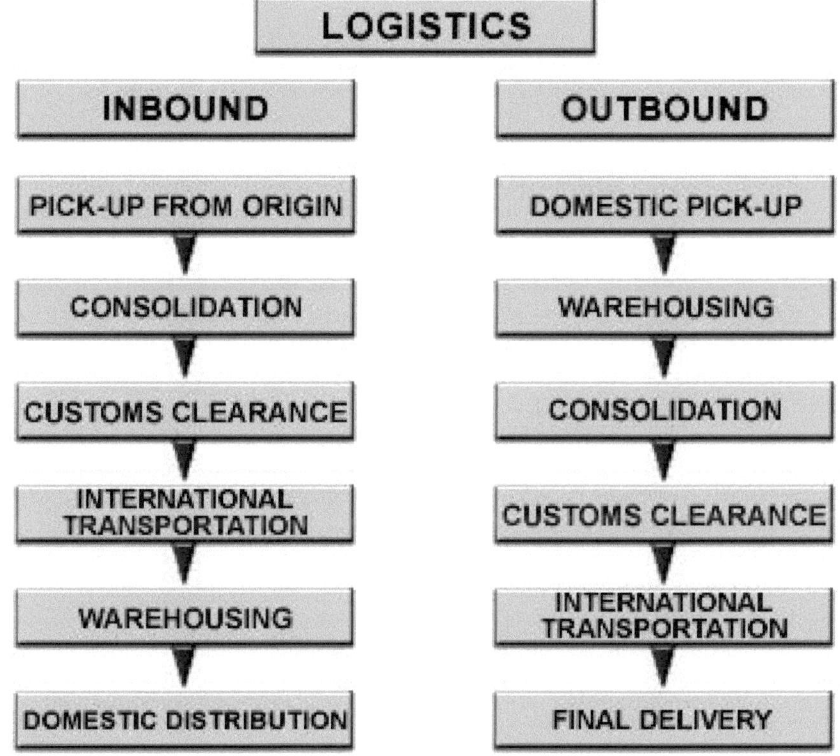

4.3 Registo:

Os exportadores têm de obter o número de identificação comercial (BIN) com base no PAN junto da Direção-Geral do Comércio Externo antes de apresentarem o documento de embarque para o desalfandegamento das mercadorias de exportação. No âmbito do sistema EDI, o BIN com base no PAN é recebido em linha pelo sistema aduaneiro a partir da DGFT. Os exportadores são igualmente obrigados a registar o código de operador cambial autorizado (através do qual se prevê que as receitas de exportação sejam realizadas) e a abrir uma conta corrente no banco designado para crédito de qualquer incentivo de draubaque.

Sempre que uma nova companhia aérea, companhia de navegação, agente de navegação a vapor, porto ou aeroporto entra em funcionamento, é necessário registá-los no sistema aduaneiro. Sempre que o processamento eletrónico dos conhecimentos de embarque, etc., for interrompido devido à falta de registo destas entidades, o mesmo deve ser comunicado ao Comissário Adjunto responsável pelo sistema EDI para que a nova entidade seja registada no sistema.

Registo no caso de exportação ao abrigo de regimes de promoção da exportação:

Todos os exportadores que pretendam exportar ao abrigo do regime de promoção das exportações devem fazer registar as suas licenças/carteira DEEC, etc., na estância aduaneira. Para esse registo, são necessários documentos originais.

4.3.1 Processamento do conhecimento de embarque - Não-EDI:

No âmbito do sistema manual, os conhecimentos de embarque ou, consoante o caso, os conhecimentos de exportação devem ser apresentados no formato prescrito nos regulamentos relativos aos conhecimentos de embarque e aos conhecimentos de exportação (formulário) de 1991. Os conhecimentos de exportação são utilizados quando o desalfandegamento das mercadorias de exportação é efectuado nas estâncias aduaneiras terrestres. Foram prescritos diferentes modelos de conhecimentos de embarque/compromissos de exportação para a exportação de mercadorias com isenção de direitos, para a exportação de mercadorias sujeitas a direitos e para a exportação ao abrigo de draubaque, etc.

As guias de remessa devem ser apresentadas juntamente com todos os documentos originais, tais como a fatura, o AR-4, a lista de embalagem, etc. O funcionário responsável pela avaliação no departamento de exportação verifica o valor das mercadorias, a sua classificação na lista de draubaque no caso dos conhecimentos de embarque com draubaque, a taxa dos direitos/taxas, quando aplicável, a exportabilidade das mercadorias ao abrigo da política EXIM e de outras leis em vigor. Os conhecimentos de embarque DEEC/DEPB são processados no grupo DEEC. No caso dos conhecimentos de embarque DEEC, o responsável pela avaliação verifica se a descrição das mercadorias declaradas no conhecimento de embarque e na fatura corresponde à descrição do produto resultante, tal como consta da caderneta DEEC. Se o responsável pela avaliação tiver dúvidas quanto ao valor e à descrição das mercadorias, pode pedir amostras das mercadorias nas docas. Pode igualmente solicitar quaisquer outras informações necessárias para o processamento do documento de transporte. Pode avaliar o documento de transporte após inspeção visual da amostra ou pode enviá-la para ensaio e aprovar provisoriamente o documento de transporte.

Depois de o documento de embarque ser aprovado pelo departamento de exportação, o exportador ou o seu agente apresentam as mercadorias ao avaliador do hangar (exportação) nas docas para serem examinadas. O avaliador do hangar pode assinalar o documento a um funcionário aduaneiro (geralmente um examinador) para examinar as mercadorias. O exame é efectuado sob o controlo do avaliador do hangar (exportação). Se a descrição e os outros elementos das mercadorias forem considerados conformes com a declaração, o avaliador do hangar emite uma ordem de "deixar exportar", após o que o exportador pode contactar o superintendente preventivo para supervisionar o carregamento das mercadorias no navio.

Caso o pessoal de controlo nas docas detecte alguma discrepância nas mercadorias, pode devolver o documento de embarque ao departamento de exportação/grupo DEEC com as suas observações, bem como uma amostra das mercadorias, se necessário. O departamento de exportação reexamina o caso e decide se a exportação pode ser autorizada ou se é necessário alterar a descrição, o valor, etc. antes da exportação e se é necessário tomar outras medidas ao abrigo da Lei Aduaneira de 1962 por declaração incorrecta da descrição do valor, etc.

4.3.2 Processamento do conhecimento de embarque - EDI:

No âmbito do sistema EDI, as declarações no formato prescrito devem ser apresentadas através dos centros de serviços das alfândegas. É criada uma lista de controlo para verificação dos dados pelo exportador/CHA. Após a verificação, os dados são apresentados ao sistema pelo operador do centro e o sistema gera um número de documento de embarque, que é aposto na lista de controlo impressa e devolvido ao exportador/CHA. No caso dos artigos de exportação sujeitos a uma taxa de exportação, o Centro de Serviços imprime o TR-6 e entrega-o ao exportador/CHA imediatamente após a apresentação do documento de embarque. Nesta fase, não é disponibilizada ao exportador/CHA qualquer cópia do documento de embarque.

4.3.3. Procedimento ctroi, atribuição de quotas e outras certificações para mercadorias de exportação:

A etiqueta de atribuição de quotas deve ser colada na fatura de exportação. O número de atribuição da AEPC deve ser introduzido no sistema aquando do registo do documento de transporte. A certificação de quota da fatura de exportação deve ser apresentada às autoridades aduaneiras, juntamente com outros documentos originais, no momento do exame da carga de exportação. Para determinar a data de validade do contingente, a data relevante deve ser a data em que a remessa completa é apresentada às autoridades aduaneiras para verificação e devidamente registada no sistema informático. No sistema EDI da Delhi Air Cargo, as informações relativas aos contingentes são automaticamente verificadas a partir do sistema AEPC/TEXPROCIL.

Uma vez que o documento de embarque só é gerado depois de as alfândegas emitirem a "ordem de exportação", o exportador pode utilizar a fatura de exportação ou qualquer outro documento exigido pelas autoridades do Octroi para efeitos de isenção do Octroi.

4.3.4 Chegada das mercadorias às docas:

As mercadorias trazidas para efeitos de inspeção e subsequente "exportação autorizada" são autorizadas a entrar no cais com base na lista de controlo e noutras declarações apresentadas pelo exportador no centro de serviços. As autoridades portuárias devem anotar a quantidade de mercadorias efetivamente recebidas no verso da lista de controlo.

4.3.5 Avaliação do sistema de guias de remessa:

Em muitos casos, o sistema processa o documento de embarque com base nas declarações efectuadas pelos exportadores sem qualquer intervenção humana. Noutros casos, quando o conhecimento de embarque é processado no ecrã pelo funcionário aduaneiro, este pode solicitar amostras, se necessário, para confirmar o valor declarado ou para verificar a classificação ao abrigo da tabela de draubaque. Se necessário, pode igualmente dar instruções especiais para a inspeção das mercadorias.

4.3.6 Estado do documento de transporte:

O exportador/ACS pode verificar, no balcão de consultas do centro de serviços, se o documento de embarque que introduziu no sistema foi apurado ou não, antes de as mercadorias serem levadas para as docas para serem examinadas e exportadas. Se for levantada uma questão, esta deve ser respondida através do centro de serviços ou, no caso dos ACS com ligação EDI, através dos respectivos terminais. O funcionário aduaneiro pode aprovar o documento de embarque depois de todas as questões terem sido respondidas de forma satisfatória.

4.4Controlo aduaneiro da carga de exportação:

Após a receção das mercadorias na doca, o exportador/CHA pode contactar o funcionário aduaneiro designado para o efeito, apresentar a lista de controlo com o visto da autoridade portuária e outras declarações acima referidas, juntamente com todos os documentos originais, tais como a fatura e a lista de embalagem, AR-4, etc. O funcionário aduaneiro pode verificar a quantidade de mercadorias efetivamente recebidas, introduzi-las no sistema e, em seguida, marcar o documento de embarque eletrónico, bem como entregar todos os documentos originais ao avaliador da doca, que designa um funcionário aduaneiro para proceder ao exame e indica o nome desse funcionário e os volumes a examinar, se for caso disso, na lista de controlo, devolvendo-a ao exportador ou ao seu agente.

O funcionário aduaneiro pode inspecionar/examinar a remessa juntamente com o avaliador da doca. O funcionário aduaneiro regista o relatório do exame no sistema. Em seguida, assinala a fatura eletrónica juntamente com todos os documentos originais e a lista de verificação ao avaliador da doca. Se o avaliador da doca considerar que os dados introduzidos no sistema estão em conformidade com a descrição apresentada nos documentos originais e com o exame físico, pode autorizar a exportação da remessa e informar o exportador ou o seu agente.

4.5 Variação entre a declaração e o exame físico:

A lista de controlo e a declaração, juntamente com todos os documentos originais, são conservadas pelo avaliador em causa. Em caso de divergência entre a declaração constante do conhecimento de embarque e os documentos físicos/relatório de exame, o avaliador pode assinalar o conhecimento de embarque eletrónico ao subcomissário/comissário-adjunto das Alfândegas (Exportação). O avaliador pode igualmente enviar os documentos físicos ao subcomissário/subcomissário adjunto das Alfândegas (Exportações) e dar instruções ao exportador ou ao seu agente para se encontrarem com o subcomissário/subcomissário adjunto das Alfândegas (Exportações) para a resolução do litígio. Se o exportador concordar com os pontos de vista do departamento, o documento de embarque deve ser processado em conformidade. No entanto, se o exportador contestar o ponto de vista do Departamento, devem ser respeitados os princípios de justiça natural antes de finalizar a questão.

4.6Estufagem/carregamento de mercadorias em contentores

O exportador ou o seu agente deve entregar a cópia do documento de embarque devidamente assinada pelo avaliador, autorizando a exportação, ao agente do navio que pode então contactar o funcionário competente (agente preventivo) para autorizar o embarque. No caso da carga em contentores, o enchimento dos contentores na doca é efectuado sob supervisão preventiva. O Superintendente Preventivo das Alfândegas (Docas) pode introduzir no sistema os dados relativos aos volumes efetivamente enchidos no contentor, o número do selo da garrafa e os dados relativos ao carregamento do contentor de carga a bordo, bem como anotar esses dados na cópia do documento de embarque apresentada pelo agente marítimo ao exportador. Se houver uma diferença na quantidade/número de embalagens colocadas nos contentores/mercadorias carregadas no navio, o superintendente (docas) pode colocar uma observação no documento de embarque no sistema e esse documento de embarque deve ser alterado ou a quantidade alterada. Esse documento de embarque também não pode ser aceite para efeitos de sanção do registo de draubaque/DEEC, até que o documento de embarque seja devidamente alterado em função da quantidade alterada. O agente preventivo das alfândegas que supervisiona o carregamento dos contentores e da carga geral no navio pode apor a menção "expedido a bordo" na cópia do documento de embarque do exportador.

4.7Rastreio de amostras:

Quando o avaliador da doca (exportação) ordena a colheita e a análise de amostras, o funcionário aduaneiro pode proceder à colheita de duas amostras da remessa e registar os respectivos dados, juntamente com os dados da agência de análise, no sistema CIEM/E. Não existe um registo separado para registar as datas das amostras colhidas. O funcionário aduaneiro prepara três exemplares do memorando de análise, que são assinados pelo funcionário aduaneiro e pelo avaliador em nome das alfândegas e do exportador ou do seu agente. A disposição dos três exemplares da nota de ensaio é a seguinte

i) Original - a enviar juntamente com a amostra ao organismo de controlo.

ii) Duplicado - Cópia aduaneira a conservar com a segunda amostra.

iii)Triplicado - Exemplar do exportador.

O Comissário Assistente/Delegado, se o considerar necessário, pode também ordenar a recolha de amostras para outros fins que não os ensaios, tais como a inspeção visual e a verificação da descrição, o inquérito sobre o valor de mercado, etc.

4.8Alterações:

As correcções/alterações da lista de controlo elaborada após a apresentação da declaração podem ser efectuadas no centro de assistência, desde que os documentos ainda não tenham sido introduzidos no sistema e o número do documento de transporte não tenha sido gerado. Quando for necessário efetuar correcções após a geração do número do documento de embarque ou após a entrada das mercadorias no cais de exportação, as alterações são efectuadas do seguinte modo

i) Se as mercadorias ainda não tiverem sido autorizadas a "deixar exportar", o Comissário Assistente (Exportações) pode autorizar alterações.

ii) Quando a ordem de "deixar exportar" já tiver sido emitida, as alterações só podem ser autorizadas pelo comissário-adjunto/conjunto da Alfândega, responsável pela secção de exportação. Em ambos os casos, após a autorização das alterações, o Assistant Commissioner/Deputy Commissioner (Export) pode aprovar as alterações no sistema em nome do Additional/Joint Commissioner. Quando a impressão do documento de embarque já tiver sido gerada, o exportador pode primeiro entregar todas as cópias do documento de embarque ao avaliador das docas para serem anuladas antes de a alteração ser aprovada no sistema.

4.9Exportação de mercadorias ao abrigo de um pedido de draubaque:

Após a exportação efectiva das mercadorias, o pedido de draubaque é processado através do sistema EDI pelos funcionários da secção de draubaque, por ordem de chegada. Não é necessário apresentar pedidos de draubaque separados. O estatuto dos conhecimentos de embarque e a sanção do pedido de draubaque podem ser verificados no balcão de consultas instalado no centro de serviços. Se tiver sido levantada uma questão ou detectada uma deficiência, esta é indicada no terminal. A pessoa autorizada do exportador pode obter uma cópia impressa da consulta/deficiência no centro de assistência. Os exportadores são obrigados a responder a essas questões através do centro de serviços. O pedido só entrará na fila de espera do sistema EDI depois de as respostas às questões/deficiências serem introduzidas pelo \Centro de serviços

Todos os pedidos sancionados num determinado dia são enumerados num rolo e transferidos para o banco através do sistema. O banco credita o montante da devolução nas contas respectivas dos exportadores. O banco pode enviar aos exportadores um extrato quinzenal dos créditos efectuados nas suas contas.

O agente marítimo/linha de navegação pode transferir eletronicamente o EGM para o sistema EDI das alfândegas, a fim de confirmar a exportação física das mercadorias e permitir que as alfândegas sancionem os pedidos de draubaque.

4.10 Geração de guias de remessa:

Depois de o avaliador ter dado a ordem de exportação no sistema, o documento de embarque é gerado pelo sistema em dois exemplares, ou seja, um exemplar para as alfândegas e um exemplar para os exportadores (o exemplar para a P.E. é gerado após a apresentação da G.E.M.). Depois de obter a impressão, o avaliador obtém as assinaturas do funcionário aduaneiro no relatório de controlo e do representante da CHA nos dois exemplares do documento de transporte e do relatório de controlo. Em seguida, o avaliador assina e carimba os dois exemplares do documento de embarque no local especificado.

O avaliador também assina e carimba o original e o duplicado do SDF. A cópia aduaneira do documento de embarque e a cópia original do SDF são conservadas juntamente com as declarações originais pelo avaliador e enviadas ao departamento de exportação da alfândega. O avaliador pode devolver a cópia do exportador e a segunda cópia do SDF ao exportador ou ao seu agente.

No que respeita à quota AEPC e a outras certificações, estas são conservadas juntamente com o documento de transporte no cais, depois de o sistema ter gerado o documento de transporte. No momento do controlo, para além de verificar se as mercadorias estão cobertas pelas certificações de quotas, é necessário verificar os dados da quota introduzidos no sistema.

4.11 Exportar Manifesto Geral:

Todas as companhias marítimas/agentes devem fornecer eletronicamente os manifestos gerais de exportação, por conhecimento de embarque, às alfândegas no prazo de 7 dias a contar da data de partida do navio.

Para além de apresentarem o GDE por via eletrónica, as companhias marítimas devem continuar a apresentar os GDE manuais juntamente com a cópia dos conhecimentos de embarque do exportador, de acordo com a prática atual do departamento de exportação. Os GEM manuais devem ser inscritos no registo do departamento de exportação e as companhias marítimas podem obter avisos de receção indicando a data e a hora em que os GEM foram recebidos pelo departamento de exportação.

O procedimento acima descrito é o procedimento geral para a exportação ao abrigo dos sistemas EDI. No entanto, existem procedimentos especiais para regimes específicos, cujos pormenores podem ser obtidos nos avisos públicos/ordens permanentes emitidos pelas respectivas taxas da Comissão.

CAPÍTULO 5

O procedimento de exportação para os sectores internacional e nacional é praticamente o mesmo, sendo a única diferença neste procedimento nacional o facto de ter menos documentos e de não ser necessário o envolvimento da alfândega.

O rastreio da carga tem lugar após o processo de exame, paletização, etc.

Procedimentos de rastreio da carga:

Recolha de documentos junto dos coordenadores de armazém após o desalfandegamento

Verificação de documentos-> Carta de porte aéreo e declaração de segurança da carga para carga geral e outros documentos especificados para carga especial (como DG & VAL)

Manutenção dos registos

Carga sujeita a rastreio

A carga não apurada após o rastreio é submetida a um controlo físico

A carga desalfandegada é objeto de uma autorização de segurança e está pronta para ser acondicionada

Se se tratar de uma bagagem não acompanhada, o procedimento é diferente.

5.1 Desembaraço de bagagens não acompanhadas

Contactar a companhia aérea para recolher a ordem de entrega.

Dirigir-se à secção de bagagem não acompanhada da alfândega no terminal internacional de importação

Preencher o formulário de declaração de bagagem.

As alfândegas ordenarão o exame da carga.

Dirigir-se aos balcões do HMACPL para recolher o bilhete de exame

Entregar o bilhete de exame ao pessoal do armazém para que este coloque a carga na zona de exame.

As alfândegas examinarão a carga e determinarão os direitos a pagar, se for caso disso, e emitirão o Duty Chelan para pagamento.

Pagar o imposto no Banco Estatal de Hyderabad, situado em frente aos balcões do HMACPL.

Aquando do pagamento dos direitos, as alfândegas emitem uma ordem de saída do carregamento.

Produzir a Ordem de Saída de Carga, cópia da Ordem de Entrega Original para os Balcões HMACPL e recolher o VCT após o pagamento das Taxas de Terminal.

Entregar o VCT ao pessoal do armazém para recolha da remessa.

A nota de entrega deve ser assinada como sinal de reconhecimento e a carga pode ser recolhida.

Existem outros tipos de envios designados por transbordos.

5.2 Transbordos

O transbordo ou transbordo é a expedição de mercadorias ou contentores para um destino intermédio e, em seguida, para outro destino.

Uma razão possível para o transbordo é mudar o meio de transporte durante a viagem (por exemplo, do transporte marítimo para o transporte rodoviário), conhecido como transbordo. Outra razão é combinar pequenas remessas numa grande remessa (consolidação), dividindo a grande remessa na outra extremidade (desconsolidação). O transbordo ocorre normalmente em plataformas de transporte. Grande parte do transbordo internacional também se realiza em zonas aduaneiras designadas, evitando assim a necessidade de controlos ou direitos aduaneiros, que de outra forma seriam um obstáculo importante para um transporte eficiente.

Note-se que o transbordo é geralmente considerado um termo. Um item tratado (do ponto de vista do expedidor) como um movimento único não é geralmente considerado transbordado, mesmo que mude de um modo de transporte para outro em vários pontos. Anteriormente, muitas vezes não se distinguia do transbordo, uma vez que cada troço dessa viagem era normalmente tratado por um carregador diferente. Normalmente, o transbordo é totalmente legítimo e faz parte do quotidiano do comércio mundial. No entanto, também pode ser um método utilizado para disfarçar a intenção, como é o caso da exploração madeireira ilegal, do contrabando ou das mercadorias do mercado cinzento.

5.3 Procedimento de transbordo Tipos de carga de transbordo

Internacional para Internacional

Internacional para nacional (direto/consolidação)

Nacional para internacional

Nacional para nacional

5.4 Internacional para Internacional - Processo Operacional

Aceitação da carga internacional de acordo com o Manifesto de Voo de Importação/IGM

Verificar e descarregar cada remessa juntamente com a verificação dos documentos

Armazenar a carga no hangar TP

Aceitar a confirmação e a MC devidamente assinada do primeiro transportador

Gerar recibo de entrega HMACPL para transferência de carga para o segundo transportador

Transferência de carga sob escolta aduaneira

Confirmar a receção da carga em nome do segundo transportador no hangar de exportação

O transportador obterá a autorização TP do agente de carga de exportação (alfândega)

Triagem e certificação da carga, se necessário

Unitizar e carregar a carga de acordo com o plano de carga do transportador[3]

5.5 INTERNACIONAL PARA NACIONAL (EXPEDIÇÃO DIRECTA) - PROCESSO OPERACIONAL

Aceitação da carga internacional de acordo com o Manifesto de Voo de Importação/IGM

Verificar e descarregar cada remessa juntamente com a verificação dos documentos

Armazenar a carga no hangar TP

Aceitar a confirmação e a MC devidamente assinada do primeiro transportador

Gerar recibo de entrega HMACPL para a transferência da carga para o segundo transportador Doméstico

Transferência de carga sob escolta aduaneira

Confirmar a receção da carga em nome do segundo transportador no TP Shed

O transportador obterá uma autorização TP do funcionário responsável pela carga de importação (alfândega)

Triagem e certificação da carga, se necessário

Unitizar e carregar a carga de acordo com o plano de carga do transportador

5.6 INTERNACIONAL PARA NACIONAL (EXPEDIÇÃO CONSOL) - PROCESSO OPERACIONAL

Aceitação da carga internacional de acordo com o Manifesto de Voo de Importação/IGM

Verificar e descarregar cada remessa juntamente com a verificação dos documentos

Armazenar a carga no hangar TP

Aceitar a confirmação e a MC devidamente assinada pelo intermediário financeiro

Autorizar o consolidador a afixar a carta de porte aéreo do sector na carga TP sob controlo aduaneiro e de segurança

Gerar recibo de entrega HMACPL para a transferência da carga para o segundo transportador Doméstico

Transferência de carga sob escolta aduaneira

Confirmar a receção da carga em nome do segundo transportador no TP Shed

O transportador obterá uma autorização TP do funcionário responsável pela carga de importação (alfândega)

Triagem e certificação da carga, se necessário

Unitizar e carregar a carga de acordo com o plano de carga do transportador

5.7 DE NACIONAL PARA INTERNACIONAL - PROCESSO OPERACIONAL

Aceitação da carga de acordo com o manifesto do voo doméstico de entrada

Verificar e descarregar cada remessa juntamente com a verificação dos documentos

Armazenar a carga no hangar TP

Aceitar a confirmação e a MC devidamente assinada do primeiro transportador

Gerar recibo de entrega HMACPL para transferência de carga para o segundo transportador Intl

Transferência de carga sob escolta aduaneira

Confirmar a receção da carga em nome do segundo transportador no TP Shed

O transportador obterá a autorização TP do agente de carga de exportação (alfândega)

Triagem e certificação da carga, se necessário

Unitizar e carregar a carga de acordo com o plano de carga do transportador

5.8 DE NACIONAL PARA NACIONAL - PROCESSO OPERACIONAL

Separar a carga local e a carga de continuação

Armazenamento de acordo com o destino

Unitizar a carga de acordo com o plano de carga da companhia aérea

Rastreio da carga, se exigido pelo transportador.

5.9 Exportação de carga perecível

Contactar a companhia aérea para recolher a ordem de transporte.

Apresentar o documento de transporte à alfândega para a exportação de carga perecível.

No caso de envios em contentores, o agente envia uma notificação prévia às alfândegas, aos gestores de serviço da HMACPL e aos funcionários de segurança relativamente ao pré-arrefecimento dos contentores e obtém autorização para encher DRY ICE.

Dirigir-se aos balcões do HMACPL para recolher o VCT para descarregar a carga.

Contactar os serviços aduaneiros para obter uma autorização especial para o rastreio e a transferência da carga para a câmara frigorífica imediatamente após o exame.

Entregar o VCT ao pessoal do armazém para descarregar a carga do camião.

O coordenador do armazém descarrega a carga perecível com prioridade, selecciona e transfere a carga para a câmara frigorífica

Com base no exame, as alfândegas emitem a ORDEM DE EXPORTAÇÃO.

A carga que é desalfandegada será construída de acordo com o plano de carga fornecido pela companhia aérea e o manifesto é gerado.

A GHA recolherá a carga necessária para a ligação do voo

Após a partida do voo, o FFM será enviado para a companhia aérea

5.10 Exportação de carga perigosa

Contactar a companhia aérea para recolher a ordem de transporte e a lista de controlo

Apresentar o documento de transporte à alfândega para a exportação de carga DG

Dirigir-se aos balcões do HMACPL para recolher o VCT para descarregar a carga.

O pessoal qualificado do HMACPL verificará os documentos e a carga para confirmar a conformidade com o Manual DG da IATA.

Se a carga for considerada em ordem, será emitida uma VCT para descarga na zona de exame.

Entregar o VCT ao pessoal do armazém para descarregar a carga do camião.

A alfândega examinará a carga e emitirá uma ORDEM DE EXPORTAÇÃO

A carga desalfandegada será rastreada por raios X e transferida para a zona esterilizada.

A carga será construída de acordo com o plano de carga fornecido pela companhia aérea e o manifesto gerado.

A GHA recolherá a carga conforme necessário para a ligação do voo.

Após a partida do voo, o FFM será enviado para a companhia aérea.

Referências

1. Allaz, C. The History of Air Cargo and Air Mail from the 18th Century (A história da carga aérea e do correio aéreo desde o século XVIII). Londres: Christopher Foyle Publishing, 2005.

2. Zhang A., e Y. Zhang. Issues on liberalization of air cargo services in international aviation (Questões sobre a liberalização dos serviços de carga aérea na aviação internacional). Journal of Air Transport Management, Vol. 8, No. 5 (setembro de 2002): 275-287.

3. Putzger, Ian. China Seeks Domestic Bliss" [A China busca a felicidade doméstica]. Air Cargo World, julho de 2008: 3134. www.aircargoworld-digital.com/aircargoworld/200807 pg32 www.aircargoworld.com/features/0708_2.htm.

4. Raja Kasilingam. Seminário: Gestão e desafios da cadeia de abastecimento de carga aérea. Centro de Redes de Fornecimento Inteligentes. Dallas, Texas. 26 de novembro de 2013. Palestra. http://www.utdallas. edu/~metin/aircargo.pdf